LA PRODUCCION ANIMAL Y EL NUEVO ROL DEL PRODUCTOR PECUARIO, CAMBIOS EN EL MODELO DE PRODUCCION

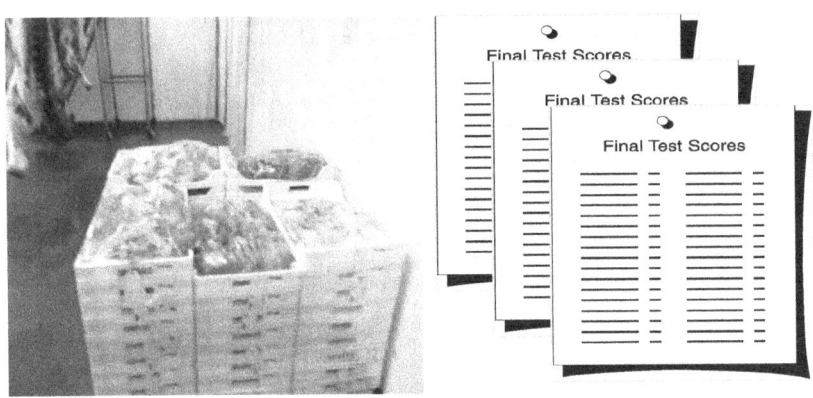

1. INTRODUCCIÓN

De los años 50 a la fecha, la producción agropecuaria ha dado un giro de 180 grados, pasando de una producción de autosuficiencia a la agroexportación. De modo que se ha invertido la pirámide; donde un productor podía alimentar a 50 personas y le quedaba de su producción para consumo, ahora, el productor tiene una demanda que triplica su capacidad de producción, teniendo la dificultad de una baja productividad, políticas agropecuarias adversa, insumos agropecuarios caros y de calidad cuestionable, con un consumidor cada vez más exigente y mercados más competitivos.

Ante esta realidad se necesita la mejora de la capacidad de gestión y producción de los productores y de quienes suministran servicios, insumos y tecnologías. Para este cambio se supone que nuestros productores deben organizarse (extensión agropecuaria) destinada a buscar la tecnología disponible para los agricultores y permitirles adoptarla más rápidamente.

Los hábitos y las prácticas alimentarias tienden a sufrir lentas modificaciones cuando las condiciones ecológicas, socioeconómicas y culturales de la familia permanecen constantes a través del tiempo. Sin embargo, en las últimas décadas se han producido cambios drásticos, particularmente en los hogares urbanos, por una multiplicidad de factores que han influido en los estilos de vida y en los patrones de consumo alimentario de la población. De hecho la medicina ha modificado los patrones de búsquedas e incorporado nuevas técnicas y tecnologías de investigación para explicar o dar respuestas a nuevos problemas de salud o aunque no sean nuevos, se complicado su diagnóstico como son los temas de alergias a nuevos productos o alimentos, que antes no eran identificados o que se entendían superados por la falta de avances científicos.

Hoy los productores tienen que cumplir con normativas de producción, que antes no eran tan rigurosas, e incluso se desconocían, su importancia sobre todo para mantener y garantizar la salud de los consumidores. Como es el tema de los residuos de plaguicidas, hormonas o medicamentos de uso veterinario. Estas regulaciones hoy son mas tomadas en cuenta por los principales mercados de destinos y países desarrollados y envía de desarrollo, por el tema de la inocuidad alimentaria, específicamente lo que son las enfermedades transmitidas por los alimentos, ETAs.

Con estas líneas pretendemos aportar para mejorar la conciencia de los productores y los consumidores para que todos juntos podamos hacer de este mundo, un lugar más sano, sostenible y habitable.

2. EVOLUCION DE LA PRODUCCION ANIMAL Y LA MEJORA DE LA PRODUCTIVIDAD Y LA CALIDAD DE LOS ALIMENTOS DE ORIGEN PECUARIOS.

En la segunda mitad del siglo XX, los productores se encontraron frente a un fenómeno de crecimiento sin precedentes de la demanda de alimentos. Si en la primera mitad del siglo la población del mundo aumentó en 960 millones de personas, en la segunda se incrementó en 3,690 millones. La población de los países en desarrollo en su conjunto pasó de 1,800 a 4,700 millones durante este último período, lo que supone un aumento del 260 por ciento. Además, los ingresos per cápita, otro factor que impulsó el aumento de la demanda de alimentos, también crecieron en la segunda mitad del siglo en muchos países en desarrollo. **FAO**.

Este crecimiento de la demanda se produjo en un momento en que una gran parte de la tierra adecuada para el cultivo ya estaba siendo utilizada para la producción agrícola. En muchos países, los agricultores cultivaban intensamente la tierra en 1950, con unos niveles significativos de regadío y cosechas múltiples. Por consiguiente, en la mayoría de las zonas no era posible responder a la demanda recurriendo simplemente a la ampliación de la superficie cultivada (sin embargo, en algunas regiones existía la posibilidad de aumentar la tierra labrantía, por ejemplo, en algunas partes de África y en la región del Cerrado en el Brasil)

El análisis de estos últimos es de gran utilidad tanto para la planificación y vigilancia alimentario-nutricional como para establecer las guías alimentarias, compatibilizando los aspectos de la producción con los del consumo, en términos de alimentos y nutrientes.

De esta manera se podrán elaborar políticas y estrategias de seguridad alimentaria, en correspondencia con los recursos naturales del país y las pautas culturales, destinadas por un lado para aumentar el consumo de energía, proteínas y micronutrientes en los sectores de bajos ingresos, y por otro, para mejorar los hábitos alimentarios y prevenir las enfermedades crónicas no transmisibles relacionadas con la alimentación.

El conocimiento del consumo alimentario también es de importancia para desarrollar la canasta de alimentos con sus múltiples aplicaciones para determinar los niveles y estructura del gasto familiar, índices de precio al consumidor, ajustes de salarios, e índices de marginalidad social. Además, sirve para priorizar el análisis de alimentos y nutrientes a fin de elaborar las tablas y bases de datos sobre composición química de alimentos.

Por otra parte, permite planificar la investigación, producción y comercialización de nuevos productos alimentarios; la publicidad en materia de alimentos; la educación y comunicación alimentario-nutricional; y la orientación al consumidor que ha cambiado ampliamente.

Los principales factores que influyen en los patrones de consumo son los ingresos, los cambios sociodemográficos, la incorporación de servicios en la alimentación (componente terciario), la publicidad y los problemas de salud (diabetes, cardiovasculares, alergias, entre otros). Así como también los factores nutricionales, psicológicos y culturales vinculados al consumo alimentario.

A medida que se elevan el ingreso per cápita del país, las dietas nacionales en términos de su composición energética siguen las leyes estadísticas de Cepéde y Languéll (1953) del consumo alimentario, a saber: i) aumento de las grasas debido a un mayor consumo de grasas libres (mantequilla, margarina y aceites) y grasas ligadas a los productos de origen animal; ii) disminución de los carbohidratos complejos (cereales, raíces, tubérculos y leguminosas secas) e incremento del azúcar; y iii) estabilidad o crecimiento lento de las proteínas, pero con aumento acelerado de las de origen animal. A pesar de muchos estudios científicos que evidencian que el consumo de carnes, sobre todo las rojas y las sabrosas carnes fritas y asadas, son un factor que favorecen el aumento de colesterol, diabetes, cáncer de colon, entre otras patologías que encabezan las listas dentro de los principales problemas de salud.

América Latina dejó de ser predominantemente rural en 1955, cuando su población se dividía en partes iguales en las áreas urbanas y rurales, llegando en 1990 a 71 % y 29 % respectivamente. Este crecimiento se caracterizó por un marcado proceso de hiperurbanización aumentando notoriamente el número de grandes ciudades, que concentra alrededor del 30 % de la población de la Región. La migración hacia las ciudades ha sido el factor limitante más importante del crecimiento de la población rural y una de las causas principales del aumento de la pobreza urbano-marginal.

Este proceso se ha visto acompañado de un aumento del ingreso per cápita hasta 1980 en que comienza a decrecer, de cambios significativos en los niveles educacionales y una mayor participación de la mujer en el mundo laboral.

Los sistemas de producción de ganadero, específicamente de ganado vacuno se definen como todos los sistemas comerciales de producción de ganado cuyo propósito (en alguno o en todos los casos) incluye la crianza, la reproducción y el periodo final de engorde del ganado con vistas a la producción de carne y leche, para consumo humano.

De los diferentes sistemas comerciales de producción de ganado que se conocen:

Los sistemas comerciales de producción de ganado vacuno de carne incluyen:

1. **Sistemas intensivos**

    Son sistemas en los que el ganado está confinado y depende por completo del hombre para satisfacer las necesidades diarias básicas tales como alimento, refugio y agua.

2. **Sistemas extensivos**

Son sistemas en los que el ganado se desplaza libremente al aire libre y tiene cierta autonomía en la selección del alimento (mediante el pastoreo), el consumo de agua y el acceso al refugio.

3. **Sistemas semi-intensivos**

Son sistemas en los que el ganado está sometido a cualquier combinación de métodos de cría extensivo e intensivo, o bien simultáneamente o bien de forma alternada, según cambien las condiciones climáticas y el estado fisiológico del ganado.

De estos sistemas de producción, se ha pasado en un salto llevado por la demanda de un consumidor, mas informado a una producción intensiva, compleja, rigurosa y cargada de legislaciones sanitarias y de cumplimientos de las buenas prácticas ganaderas e inocuidad de los alimentos, que ha obligado a un cambio radicar en la producción de alimentos pecuarios.

Los países a través de los Gobiernos, han ajustados sus sistemas de producción tradicional a uno que le exige el nuevo consumidor y el mercado. Para ello, se bebe cumplir con los criterios comerciales, mediados por la Organización Mundial del Comercio, OMC; el Codex Alimentarius, Departamentos de Inocuidad de cada país, empresas certificadoras de operadores de alimentos y otros organismos competentes que facilitar el intercambio comercial de los productos agropecuarios.

Los países miembros de estos acuerdos, tienen que homologar sus normas, o hacerlas equivalentes con el cumplimiento de los demás miembros. De todo esto surgen las Buenas Prácticas, los procedimientos operacionales, procedimientos operacionales de sanitización, el Haccp, la inocuidad agroalimentaria, y el surgimiento de una base legar sanitaria compleja y exigente, que ayuda a regular los mercados y la manera para la producción, manejo, transporte, almacenamiento y comercialización de los productos de consumo masivo.

3. LAS BUENAS PRÁCTICAS GANADERAS (BPG) Y LA INOCUIDAD DE LOS ALIMENTOS DE ORIGEN PECUARIOS.

La globalización de la economía y en particular de los alimentos, ha generado una demanda cada vez más notoria de productos, no solo de un mayor valor nutricional, sino también sanos e inocuos, unido a la necesidad de una producción agropecuaria cada vez más sostenible, esto ha generado la necesidad de implementar practicas con un enfoque integral, **"de la granja a la mesa"**. Actualmente existen tanta literatura e información sobre estos temas que nos pasaríamos veinte años, leyendo sin repetir una solo página, y lo importante es muchas de ellas con bastante evidencia científica. Es decir, un control de la cadena alimentaría desde la producción primaria hasta el consumidor final. Surgiendo de aquí, un nuevo elemento, la documentación, registros y rastreabilidad.

Para mantener ese enfoque, es necesario someter la etapa de producción primaria controles que reduzcan el consumo de recursos naturales, insumos y productos químicos, unido a procedimientos de aseguramiento de la calidad como en el caso de la ganadería de leche o carne. Las Buenas Prácticas Ganaderas (BPGs), que pretenden minimizar los riesgos de contaminación de los alimentos por (peligros) agentes químicos, físicos, biológicos (incluye a los microbiológicos-bacterias, hongos y los parásitos), también están los virus, así como minimizar el impacto ambiental que generan las actividades agropecuarias, maximizar el bienestar laboral de los trabajadores y el bienestar de los animales que son explotados zootécnicamente.

La calidad e inocuidad de los alimentos de origen pecuario está relacionada con aspectos básicos como: sistema de producción, prácticas empleadas, tecnología aplicada, insumos (hormonas, medicamentos y productos veterinarios), sostenibilidad ambiental y el principal elemento los recursos humanos. Estos aspectos influyen en la composición de la leche, la carne y su calidad higiénica-sanitaria y su inocuidad. Para garantizar la calidad e inocuidad de estos productos producidos en el hato y exigido por la industria, es pertinente la implementación de las buenas prácticas ganaderas que persiguen la sustentabilidad ambiental, económica y social de las explotaciones agropecuarias, especialmente la de los pequeños productores de subsistencia. Hoy se exige la implementación de sistemas tales como: silvopastoriles, sostenibilidad ambiental unidos al bienestar animal, producciones orgánicas, biodinámicas, etc.

Foto del autor. El Seíbo. RD. 2013.

Para entender las BPG, debemos definirlas como: Las "Buenas Prácticas Ganaderas" (BPG´s) son todas aquellas acciones involucradas en la producción primaria, cría, manejo y transporte de los animales para obtener productos alimenticios provenientes de las ganaderías, orientadas a asegurar su inocuidad y calidad. Es hacer las cosas bien y dar garantías de ellas. Con la implementación de las BPG´s en los sistemas ganaderos o hatos, de lo que se trata es de reconocer que con los niveles de producción y acumulación de conocimiento científico y tecnológico existentes, hoy es posible y deseable hacer una ganadería de manera distinta a como se ha realizado tradicionalmente.

Existe en la mayoría de los diferentes países, una tendencia fuerte a seguir estos pasos, para realizar esta transformación en los sistemas de producción. Las nuevas y exigentes reglamentaciones existentes, están siendo actualizadas, modernizadas y homologadas con las del Codex Alimentarius y con las de los diferentes organismos oficiales de seguridad y sanidad alimentaria, para que estén acordes con la de los demás países miembros.

De los requisitos exigidos para el cumplimiento de las BPG, el principal es estar Registrado en los diferentes ministerios y Departamento de Inocuidad Agroalimentaria, del país correspondiente; quien es la autoridad competente en este tema como lo establece la ley o Reglamento afines. En nuestro país, Republica Dominicana, este mandato está establecido en el Reglamento 52-08 sobre "Reglas básicas para la aplicación de las buenas prácticas agrícolas y buenas prácticas ganaderas", y la nueva Relación 2017-01, vigente en el país. Para esto se solicita a través de Internet: inocuidaddia@gmail.com o vía telefónica: 809-547-3888, ext. 6024 el formulario de registros de explotaciones agropecuarias.

Cada animal debe tener su ficha individual y tener asignado un número o código de identificación único e irrepetible durante toda su vida productiva, mismo que llevara sin importar los movimientos de ubicación que tenga durante su vida. Está identificación se realiza en los primeros días de nacido o inmediatamente ingresa a la finca, ya sea por compra. El método empleado debe ir en consonancia con el que establece el ente oficial (Dirección General de Ganadería). Por el momento en el país, cada productor utiliza el que más le convenga. Aunque en estos momentos se están sentando las bases para lograr tener un sistema único oficial de numeración animal, como ya se ha logrado en la mayoría de los países desarrollados. Tanto es así, que cada país, tiene un código único que lo identifica.

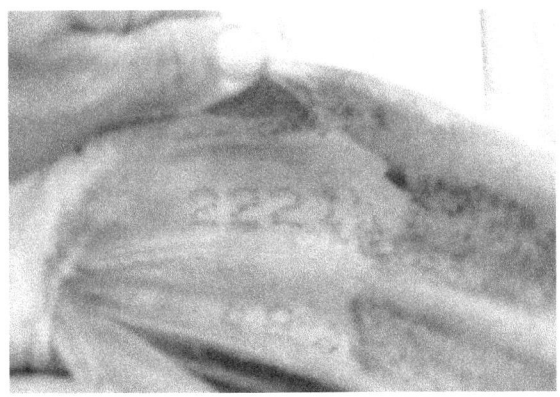

Fuente: google.com 2012

El procedimiento de identificación de un nuevo animal debe hacerse sin causarle daño y en lugares donde no deterioren el valor comercial de la piel. El sistema de identificación empleado debe asegurar su recuperación al momento del sacrificio del animal.

Se debe contar con un sistema de documentación y registro, para implementar un buen programa de manejo de registros de la empresa debe diseñar los formatos teniendo en cuenta:

- un formato específico para cada una de las labores más importantes de la finca de tal manera que no generen confusión y sean fáciles y prácticos de llenar y diligenciar;
- Los datos allí registrados deben ser relevantes al momento de identificar problemas y con base en esto tomar decisiones.
- Permitan el seguimiento completo de cada animal, producto o actividad realizada.

- Pueden ser diseñados para registrar diaria, semanal, mensual, semestral o anualmente dependiendo del tipo de actividad y frecuencia con que se realice dicho evento.

Existen distintos tipos de registros y formularios, que se deben llevar en la finca, los cuales deben ser llenados por el encargado, el veterinario o una persona responsable para este hecho. Se deben llevar los registros sanitarios (morbilidad, mortalidad, vacunaciones, desparasitación, aplicación de medicamentos, etc.) , registros de compra y venta de animales, capacitación del personal, fichas medicas de estos, análisis del agua, suelo, compra de insumos, alimentación y manejo de pastos y forrajes, inventario y uso de productos y medicamentos veterinarios, control de plagas y roedores, programa de limpieza y desinfección de las áreas e instalaciones, entrada y salida de almacén, etc.

Identificación de los animales es un punto vital para establecer los programas de control y vigilancias en cada una de las fincas ganaderas, este debe ser un objetivo del Estado a través del Ministerio de Agricultura que es el ente responsable del cumplimento de las buenas practicas ganaderas y agrícolas. La identificación de los animales en todos los países se cumple de manera oficial, asignándole a cada animal que nace un número que lo seguirá hasta su destino final, que será el matadero, o en defecto su muerte por cualquier causa. Para la identificación de los animales asegúrese de: Asignar a cada animal un número o código de identificación único e irrepetible durante toda su vida productiva. Se debe iidentificar cada animal inmediatamente ingresa a la finca, ya sea por nacimiento o compra. Ver un método de identificar los bovinos:

Fuente: google.com. 2012

Luego de contar con este sistema de identificación animal y todos los registros pertinentes que recojan durante toda la vida del animal, proceso o evento se debe contar con un Sistema de **Rastreabilidad o Trazabilidad**: que es la capacidad de poder determinar con precisión, la fecha y lugar en que se encuentra un animal o sus productos, durante toda su vida, en cualquier punto de la cadena de producción. Palabra inglesa "Trace" que significa huella, rastro o indicios de algo. O dicho de otra forma es: "Traceability", seguir la pista, buscar el origen, o atribuir una causa. O como lo estable **ISO 9000**: "*habilidad para* *trazar la historia, aplicación o localización del elemento en consideración."*

El Codex Alimentarius, tiene una definiciónón más completa: *"Capacidad de rastrear el recorrido de un alimento a través de todas las etapas especificadas de la producción, procesado y distribución."*

Esta exigencia se puede llevar a cabo registrando en qué lugares se encuentran o han estado, y sus movimientos, información que se puede mantener en papeles o informatizar (software) para hacer más eficiente el proceso. Actualmente en el país, se ejecuta un proyecto piloto para establecer el sistema de trazabilidad nacional. Este se ha iniciado en el área agrícola, con los rubros, vegetales orientales. Aunque existen de alguna forma empírica sistemas de rastreabilidad en cada empresa, supermercado y otros negocios, que permiten rastrear el producto desde su origen hasta el consumidor final.

La trazabilidad o rastreabilidad es una herramienta que se sustenta en el principio científico que señala que los animales y sus productos pueden ser vectores de agentes infecciosos o de residuos químicos o biológicos. Esto significa que existe la probabilidad que cuando se muevan entren en contacto con animales susceptibles y puedan adquirir alguna enfermedad o contaminarse que pueden luego llegar al consumidor final.

Flujogramas en el proceso de la rastreabilidad desde el origen hasta el consumidor final.

Rastreabilidad seguimiento....

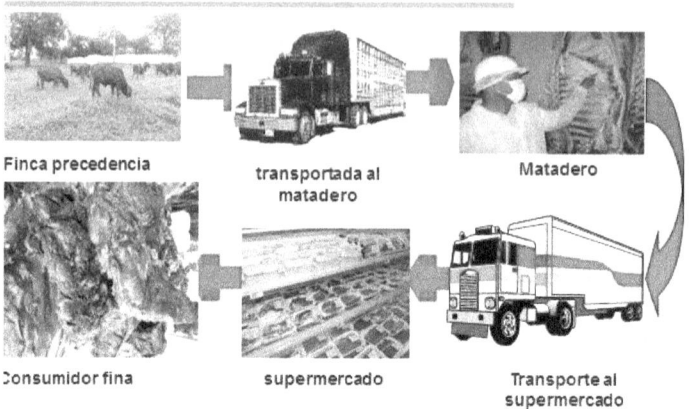

Los objetivos fundamentales de la rastreabilidad son:

- Controlar la seguridad de los alimentos de forma global.
- Permitir, la retirada de productos como parte de la gestión de riesgos ante crisis alimentarias.
- Controlar la calidad de los alimentos
- Informar al consumidor, contribuyendo a mejorar la confianza del mismo.
- Revalorizar los productos diferenciandolos

- Establecer responsabilidad respecto de las irregularidades, tanto en materia de seguridad (sanidad), como de calidad (fraudes) o alteración.

En definitiva la trazabilidad significa mayor información, más responsabilidad, y mejor identificación del producto desde su producción primaria hasta su comercialización. Esta puede ser verificada en cualquier punto o eslabón de la cadena, tanto hacia delante o como hacia atrás, permitiendo de esta forma ubicar o determinar, donde ocurrió la desviación, que ocasionó el problema. La siguiente foto muestra una canal bovina en el frigorífico, con su numeración, para poder ser localizada frente a cualquier evento que pudiera ocurrir, durante, antes o después de salir de la empresa.

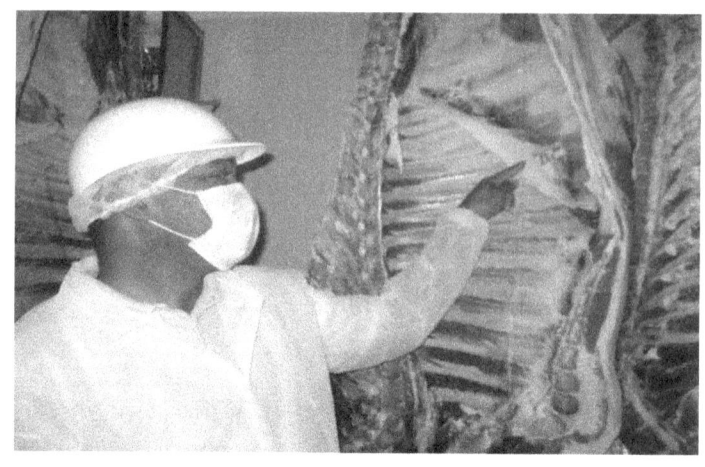

Foto del autor. Matadero Alonzo. Sierra Prieta. RD.2010

La trazabilidad comprende el registro de todos los eventos de la vida del animal, desde su nacimiento hasta el último eslabón de la cadena productiva, el consumidor. Una rastreabilidad confiable y segura se logra a través de la sistematización de todos los eventos ocurridos en la empresa, en lo posible en una base de datos fácil de diligenciar y un sistema de identificación claro, duradero y seguro.

Un programa adecuado de rastreabilidad cuenta con un procedimiento de retiro de los productos, que debe cumplir con lo siguiente:

- Resolver en forma definitiva y de una manera aceptable cualquier reclamo o devolución presentados por consumidores, vendedores minoristas o mayoristas, y garantizar el retiro del mercado de alimentos no seguros de manera que no afecten la salud de los consumidores.
- Inmovilizar los alimentos implicados para impedir que lleguen al consumidor.
- Recuperar efectiva y eficientemente la cantidad total del producto de riesgo del mercado, incluso aquellos que se encuentren en poder de los consumidores si se considerase necesario.

Foto del autor. Matadero Alonzo. Sierra Prieta. RD.2010

En la documentación de BPG debe estipularse el lugar donde está localizada la empresa ganadera (hato o finca), el propósito del negocio por ejemplo ganadería de doble propósito, carne o de leche y si este lugar es apto agroecológicamente para este tipo de ganadería y además que de acuerdo a la regulaciones del Ministerio de Medio Ambiente, debe estar a no menos de 500 m lineales, a la redonda de ríos, cañadas, arroyos, áreas verdes, bosques, áreas protegidas, y de poblaciones humanas, cementerios, o cualquier otra que pueda ser un factor de contaminación para la ganadería, o que ella implique un factor de riesgo, para otra ya existente. El objetivo de esto es para evitar contaminación cruzadas por sus operaciones y los propios animales.

En los datos se requiere el Municipio, paraje, sección, donde se ubica el predio, mencionando si esta apropiadamente cercada y del cual se debe tener un croquis con los colindantes. Así como también el historial del uso del suelo, si es para la instalación de una nueva ganadería.

La finca o granja deben contar con todas las infraestructuras necesarias, con materiales adecuados que no dañen la salud del personal, ni la de los propios animales. Y diseñadas en un flujo continuo que evite cruces innecesarios y que faciliten el accionar diario de los trabajadores y que no limiten el comportamiento normal de los animales.

Equipo, utensilios y materiales, para las operaciones y actividades de la finca, estos deben cumplir con las exigencias establecidas. Los envases utilizados para transportar leche, deben ser preferibles de acero inoxidables grado alimenticio, de fácil lavado y desinfección. Las cubetas, y tuberías deben ser de este mismo material o en su defecto garantizar que no serán un riesgo para la inocuidad del producto final.

El agua para los animales debe ser agua limpia como lo considera el Codex Alimentarius, que no presente tal contaminación que pueda ocasionar un daño a los animales. La misma debe ser analizada, monitoreada y vigilada periódicamente.

El agua que será usada para las actividades de limpieza y desinfección de los utensilios para el ordeno dese ser agua potable, ya que estos envases o recipientes serán utilizados para almacenar, transportar o contener la leche.

El agua para el personal debe ser potable, que cumpla con las normas y los parámetros exigidos por el Instituto Dominicano para la Calidad (INDOCAL); a la misma se le deben realizar los análisis físico-químico y microbiológicos por lo menos una vez al año, y repetir bajo cualquier sospecha que se considere que su calidad a variado. Esta documentación debe guardarse para presentarla durante las inspecciones o auditorias del ente oficial. Lo mismo el suelo y el agua para uso de los animales, debe ser analizada, repitiéndose su análisis por lo menos una vez al año.

En general se debe implementar en la finca un plan de almacenamiento transitorio de todos los residuos sólidos que considere la segregación de estos, que asegure la disposición final en lugares previamente autorizados oficialmente, manejo adecuado de los envases o contenedores de químicos y reutilizando el material orgánico por ejemplo en compostaje. Se deben tomar medidas como no reutilizar los envases vacíos de agroquímicos, elimínelos siguiendo lo establecido en la normatividad vigente. Jamás enterrarlos o quemarlos, ya que esto puede ser unos riesgos para aguas subterráneas que se pueden contaminar y poner en riesgo la salud de las personas y contaminara el medio ambiente. Los desecho de productos y medicamentos veterinarios, dentro de los cuales se incluyen los envases, las agujas hipodérmicas y las jeringas, deben ser eliminados de una manera adecuada, minimizando el riesgo para la población y el medio ambiente; La disposición de estos desechos y envases vacíos debe realizarse en los vertederos municipales, cumpliendo con los requisitos pertinentes del triple lavado y eliminación.

Fuente: goole.com 2019

Las opciones de eliminación pueden incluir el entierro de los animales o la incineración, en los casos en que está autorizada por los servicios competentes; Los animales muertos deben ser dispuestos dentro de las 48 horas de ocurrida la muerte o una vez que el Médico Veterinario constate la causa de muerte, esto último determinará la opción de su disposición final.

De la misma manera el matadero debe contar con una planta de tratamiento, certificada y avalada por el Ministerio de Salud Pública y de Medio Ambiente, que garantice el debido tratamiento, utilización y disposición final de los residuos sólidos y líquidos que se generen. Se debe realizar una declaración de impacto ambiental preparada por la empresa o en lo contrario buscar un asesor competente que le acredite tales actividades.

Foto del autor. Matadero Alonzo. Sierra Prieta. RD.2010

Toda explotación ganadera debe cumplir unas condiciones mínimas sanitarias reguladas por los programas nacionales de erradicación de enfermedades de los animales, y sobre las normas sanitarias para intercambio comunitario de animales de la especie. Para el movimiento de los animales se debe contar con el certificado veterinario expedido para estos fines, debidamente sellado y firmado por el veterinario oficial del municipio correspondiente. Para la bioseguridad de finca o granja las prácticas de sanidad animal buscan prevenir la introducción de enfermedades en la explotación, disponer de un programa eficaz de gestión sanitaria del ganado, utilizar los medicamentos tal y como son prescritos por el veterinario o según las indicaciones que figuran en la etiqueta y formar adecuadamente al personal. Convine utilizar pediluvios y lavamanos en cada una de las entradas de las instalaciones de mayor riesgo, contando estos con últimos con papel higiénico, zafacones y jabón. Proporcione al personal los implementos necesarios para proteger su integridad personal (ropa, botas, gorros, guantes, mangas, etc.), se debe instalar un botiquín bien dotado para prestar los primeros auxilios.

Todos los trabajadores del hato deben estar familiarizados y entender los procesos de bioseguridad que son establecidos en la unidad de producción. Se espera que todos los trabajadores entiendan la importancia de la higiene en la salud animal.

La forma más efectiva de prevenir la propagación de enfermedades contagiosas es mantener un rebaño cerrado. En la práctica esto es difícil de conseguir, por lo que es esencial mantener un estricto control de cualquier entrada de animales. El riesgo de enfermedades también puede verse incrementado cuando los animales comparten pastos o instalaciones.

Se debe diseñar un esquema de manejo que controle el ingreso de personas, vehículos y animales al predio.

Un buen estado sanitario de los animales está altamente correlacionado con una adecuada limpieza y desinfección de las instalaciones, además de desinsectación y desratización. Por lo tanto es necesario diseñar un buen plan de saneamiento básico.

El mejor método de limpieza y desinfección recomendado es retirar bien toda la materia orgánica y posteriormente aplicar agua hirviendo (85-90ºC) a presión. Para las camas o cubículos es aconsejable hacer uso de secantes y desinfectantes permitidos en estas condiciones. El detergente debe estar diseñado para su uso ganadero; Hay que tener cuidado que no sea corrosivo al menos los empleados para tratar las zonas metálicas o plásticas; Debe tener una buena actividad desengrasante ya que la grasa protege a los microorganismos del efecto de los desinfectante; Debe ser seguro para animales, personas y no agresivo para el medio; Se debe utilizar siguiendo las recomendaciones del fabricante (dosis, precauciones, etc.). Los detergentes más utilizados son los aniónicos. Su función es limpiar, no tienen actividad desinfectante. En el caso de los desinfectantes puede ser cloro, yodo o amonio cuaternario; esto se deben rotar frecuentemente para evitar resistencia.

En lo referente a la desinsectación y desratización, siempre se deben utilizar productos recomendados por un especialista y seguir todas las recomendaciones señaladas para evitar cualquier tipo de accidentes por intoxicaciones. Este control debe ser llevado a cabo, tomando en cuenta la incidencia de estas plagas. Se deben colocar trampas con cebos para las ratas y estas deben esta identificadas y con un croquis que señale su ubicación correcta.

Debe existir una programa adecuado de alimentación para el ganado se inicia con el suministro de forrajes de buena calidad obtenidos con el manejo técnico de los potreros o del pasto de corte. Todos los alimentos, suplementos alimenticios y sales mineralizadas empleados en la alimentación animal deben contar con registro; de igual manera es requerido para los plaguicidas, fertilizantes y demás insumos agrícolas usados en la producción de forrajes y cultivos destinados a la alimentación de los animales.

El transporte, embarque y desembarque del ganado es sin lugar a dudas la etapa más estresante y peligrosa en toda la cadena productiva contribuyendo significativamente al maltrato de los animales y por lo tanto a las pérdidas de producción. Para evitarlo tenga en cuenta que:

- El personal a cargo del transporte debe conocer los cuidados para manejar idóneamente a los animales evitando agresiones hacia ellos.
- Los vehículos transportadores cuenten con: piso antideslizante, que los costados sean altos y sus superficies sean lisas, estén provistos con algún tipo de protección contra el sol y la lluvia (Carpas) y además con una rampa portátil para agilizar la descarga en caso de emergencia.
- Sea transportado el número de animales adecuado para la capacidad del vehículo, por supuesto teniendo en cuenta la raza, edad, peso y estado fisiológico de los animales a transportar.

Foto del autor. Matadero Alonzo. Sierra Prieta. RD.2010

El personal de la finca debe mantener un buen estado de salud, poseer un certificado médico que reconozca su aptitud para manipular alimentos, el cual tendrá vigencia por un año, deberá siempre antes de iniciar las operaciones de ordeño o manipulación de la leche lavarse y desinfectarse las manos y antebrazos, usar la ropa adecuada durante el ordeño, la cual debe estar limpia al inicio de cada período de ordeño. Las personas encargadas del ordeño y de la manipulación de la leche cruda deberán llevar ropa limpia y adecuada, mantener un elevado grado de limpieza.

El propietario o administrador del hato debe garantizar que el personal se realice al menos un examen médico al año.

- Capacitar a los trabajadores en temas como higiene, seguridad y riesgos ocupacionales, manejo de alimentos para animales, manejo animal, bioseguridad y uso de medicamentos veterinarios y plaguicidas.
- Dotar a los trabajadores de los elementos e indumentaria necesarios para el desarrollo de sus labores.
- La finca debe contar con las instalaciones que brinden condiciones de bienestar a los trabajadores como baños, vestidor y áreas de descanso y alimentación.

La finca debe disponer de botiquín con todos los insumos y herramientas necesarias, aprobado por la Cruz Roja Dominicana.

Cada área de la empresa debe estar debidamente rotulada, y en los baños y lavamanos contar con las instrucciones necesarias para la higiene del personal.

Los animales deben llegar a su destino final que es el beneficiado o sacrificio del mismo en el Matadero o sala de procesamiento, con las condiciones de salud apropiada, certificada por el médico veterinario oficial, que se encuentra en cada uno de los municipios del país. Cada lote de animal despachado hacia los mataderos debe ser conducido con su conduce sanitario, y con el certificado del alcalde del lugar de origen de los animales, que garantiza que los animales no han sido, objeto de robo y que cuentan con el aval de veterinario oficial. Al llegar al matadero, la empresa debe exigirle los documentos oficiales emitidos por el veterinario oficial de la Dirección General de Ganadería de la zona de origen de los animales.

Todas estas normativas y exigencias permiten, mejorar la salud pública de los pueblos, así como lograr que los operadores de alimentos, los ganaderos o productores, se hagan responsable de la calidad y la inocuidad de los alimentos que derivan de los animales que crían y destinan al consumo humano. Así como también de ser más responsable con la sostenibilidad ambiental y la calidad de vida de sus empleados y la de ellos mismos. Con este cumplimiento los países se hacen acreedores de una mayor confianza en los mercados nacionales e internacionales, haciéndose así más competentes.

4. FUENTE Y BIBLIOGRAFIA CONSULTADA

1. Reglamento de control de riesgos en alimentos y bebidas. Ministerio de Salud. República Dominicana.
   https://extranet.who.int/nutrition/gina/sites/default/files/DOR%20Decreto%20528-01_0.pdf

2. NORDOM 106. Carne y productos cárnicos Definición y requisitos de las carnes rojas.
   file:///C:/Users/ariel%20castillo/Downloads/NORDOM-106-CARNE-ROJA.pdf

3. Sitio principal del Codex Alimentarius.
   http://www.fao.org/fao-who-codexalimentarius/codex-texts/list-standards/es/

4. Organización mundial de sanidad animal.
   http://www.oie.int/es/

5. Resistencia Antimicrobiana. http://www.oie.int/es/para-los-periodistas/amr-es/

6. Organización Mundial del Comercio.
   https://www.wto.org/indexsp.htm

7. Ministerio de Salud Publica Republica Dominicana
   http://www.msp.gob.do/

8. Instituto para la Calidad de Republica Dominicana.
   https://www.indocal.gob.do/

9. Sitio Educación para zootecnia y veterinaria.
   https://ccastillovicioso66.wixsite.com/misitio

10. Código de prácticas de higiene para la carne1 cac/rcp 58/2005. Codex alimentarius.

file:///C:/Users/ariel%20castillo/Downloads/CXP_058s%20(1).pdf

11. Reglamento 1207. Reglamentos para inspección de mataderos, ganado, carnes y sus derivados.

12. Agencia Españolo de Seguridad Alimentaria
http://www.aesan.msc.es/AESAN/web/cadena_alimentaria/cadena_alimentaria.shtml

13. Código de buenas prácticas de alimentación animal,
www.codexalimentarius.org/input/download/standards/.../CXP_054s.pdf

14. Revista Científica Archivos De Zootecnia
http://www.uco.es/organiza/servicios/publica/az/php/az.php?idioma_global=0&revista=47&indice=26

15. Reglamento 52-08 Sobre Reglas Básicas para la aplicación de las Buenas Prácticas Agrícolas y Ganaderas, Republica Dominicana.
http://enj.org/headrick/images/9/9a/Dec_52-08.pdf

http://eurlex.europa.eu/LexUriServ/LexUriServ.do?uri=OJ:L:2013:058:0003:0004:ES:PDF

16. Reglamento 244-10. Sobre Límites Máximos Residuales de productos y medicamentos veterinarios.

http://enj.org/headrick/images/a/ab/Dec_244-10.pdf

17. **Ley** 248-12 de **Protección Animal** y Tenencia Responsable de la **República Dominicana**

http://www.camaradediputados.gov.do/masterlex/mlx/docs/1D/121E/13D1.htm

18. Rastreabilidad proyecto base República Dominicana
http://www.trazabilidad.net.do/presentacion/taller_marco_regulatorio/Presentaciones/Propuesta%20Base%20Marco%20Regulatorio%20-%20Roberto%20Rojas.pdf

19. FOA. Producción y Producción y productividad agrícolas en los
países en desarrollo
http://www.fao.org/docrep/x4400s/x4400s12.htm

20. FOA. El estado mundial de la agricultura y la alimentación.
http://www.fao.org/docrep/x4400s/x4400s00.htm#TopOfPage

21. Logros de la OIE en el ámbito del bienestar animal

http://www.oie.int/es/bienestar-animal/temas-principales/

22. Primera conferencia mundial sobre bienestar animal, 2004.
http://www.oie.int/fileadmin/Home/eng/Conferences_Events/docs/pdf/proceedings.pdf

23. Transporte de animales por vía terrestre.
http://www.oie.int/index.php?id=169&L=2&htmfile=chapitre_1.7.3.htm

24. Sacrificio de los animales para consumo humano

http://www.oie.int/index.php?id=169&L=2&htmfile=chapitre_1.7.5.htma

25. Bienestar animal y sistemas de producción de ganado vacuno de carne
http://www.oie.int/index.php?id=169&L=2&htmfile=chapitre_1.7.9.htm

Páginas consultadas y documentos consultados

- http://www.fao.org/docrep/010/ah833s/ah833s08.h
- http://www.eurocarne.com/noticias/codigo/22240
- http://www.scielo.org.ve/scielo.php?pid=S0258 65762012000200005&script=sci_arttext
- http://www.veterinaria.org/asociaciones/vet-uy/articulos/artic_traza/005/traza005.htm
- http://www.fao.org/3/Ah833s08.htm
- http://www.oie.int/fileadmin/Home/eng/Food_Safety/docs/pdf/3_Lang_Good_farming_practices.pdf
- http://www.hoy.com.do/economia/2012/9/17/446733/RD-no-utiliza-sistema-trazabilidad-estandar

NOTA: TODAS LAS CONSULTAS A ESTAS PÁGINAS Y DIRECCIONES ELECTRONICAS FUERON REALIZADAS DEL 6 AL 9 DE JUNIO DEL 2013 a DICIEMBRE DEL 2018. Este documento tiene como objetivo, aportar a la formación de nuestros alumnos y de las personas interesadas en esta área.

www.ingramcontent.com/pod-product-compliance
Lightning Source LLC
Chambersburg PA
CBHW051335220526
45468CB00004B/1653